...CTES NUISIBLES

ET LES

INSECTES UTILES

DE LA SAVOIE

PAR

L'abbé E. CHEVALIER

ANNECY

IMPRIMERIE AIMÉ PERRISSIN ET Cie

—

1872

NOTICE

SUR

LES INSECTES NUISIBLES

ET

LES INSECTES UTILES

DE LA SAVOIE

C.

NOTICE

INSECTES NUISIBLES

ET LES

INSECTES UTILES

DE LA SAVOIE

PAR

L'abbé E. CHEVALIER

ANNECY

IMPRIMERIE AIMÉ PERRISSIN ET Cie

—

1872

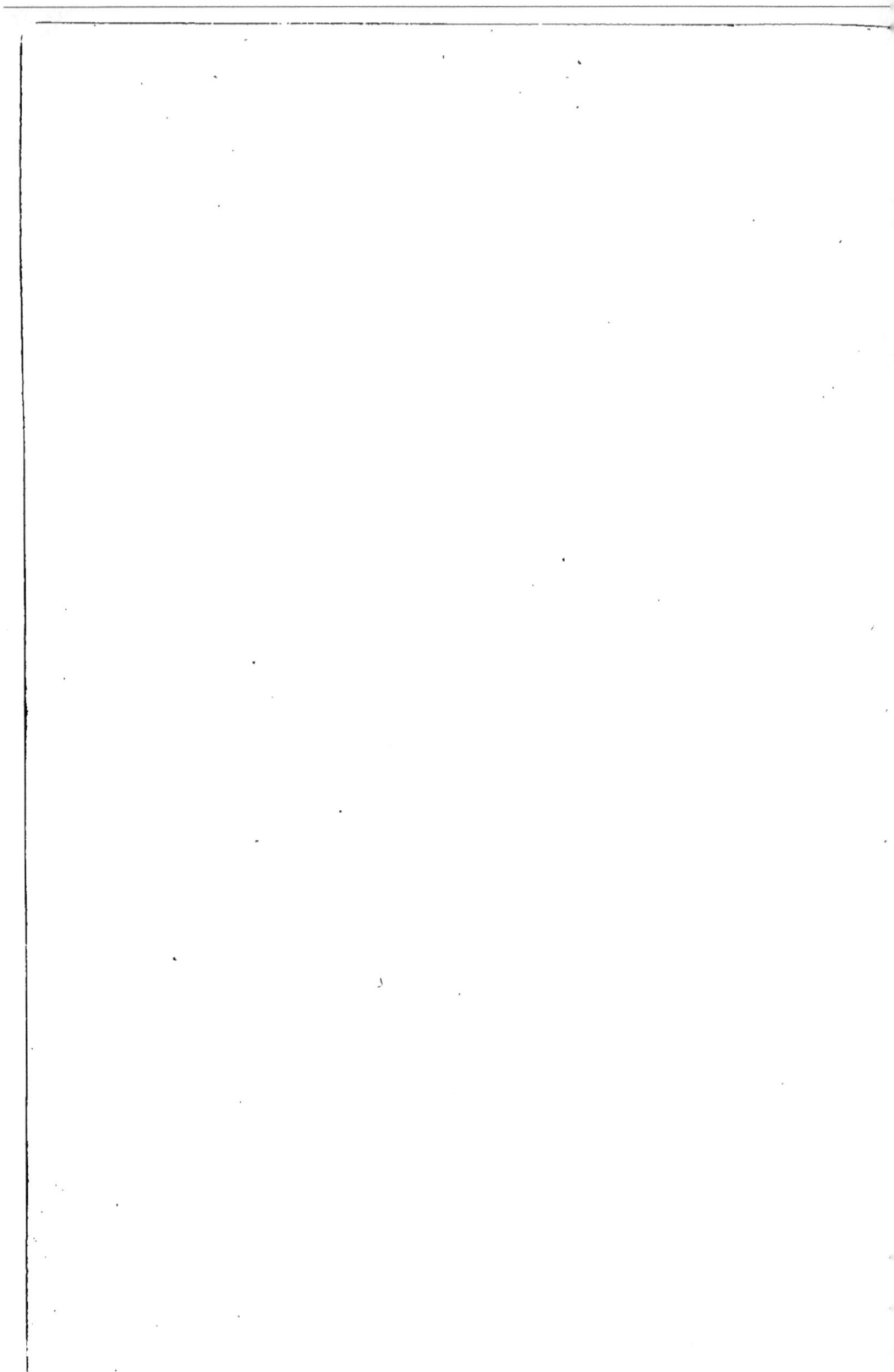

NOTICE

SUR LES

INSECTES NUISIBLES

ET LES

INSECTES UTILES

DE LA SAVOIE

Les insectes nous sont plus connus par les dégâts qu'ils nous occasionnent que par les services qu'ils nous rendent.

« Une infinité de ces petits animaux, dit Réaumur, « désolent nos plantes, nos arbres, nos fruits. Ce « n'est pas seulement dans nos champs, dans nos « jardins qu'ils font des ravages : ils attaquent, dans « nos maisons, nos étoffes, nos meubles, nos habits, « nos fourrures ; ils rongent le blé de nos greniers ; « ils percent nos meubles de bois, les pièces de char- « pente de nos bâtiments ; ils ne nous épargnent pas « nous-mêmes. » *Mémoires pour l'histoire des in- sectes.*

2

Il est incontestable que la plupart nous sont nuisibles, mais une connaissance plus approfondie de leurs mœurs nous révèle chaque jour qu'ils nous rendent une multitude de services qui compensent en grande partie leurs nombreuses dévastations.

Il y a en outre un bon nombre d'insectes qui nous sont très utiles, soit en détruisant d'autres insectes qui nous nuisent, soit en enlevant les matières corrompues, les débris d'animaux, toutes ces substances qui, par leur putréfaction, deviennent fort dangereuses pour l'homme. En s'assimilant les substances dont ils font leur nourriture, ils les transforment dans leur corps en une matière vivante et propre à de nouvelles combinaisons organiques.

Si quelques espèces d'insectes se multiplient quelquefois d'une manière désastreuse, sans que nous sachions remédier à ce mal, cela vient le plus souvent de notre ignorance et de notre imprévoyance. Nous sommes peu puissants parce que nous n'observons pas assez les mœurs de ces ennemis, qui nous trompent par leurs formes variées et changeantes et surtout par leurs merveilleuses industries. Nous sommes peu prévoyants parce que nous détruisons en aveugles, sans discernement, une foule d'insectes, de reptiles, d'oiseaux et de petits mammifères que Dieu a créés pour détruire nos ennemis et en limiter la multiplication.

INSECTES NUISIBLES

Parmi les insectes nuisibles, les uns exercent leurs ravages sur les arbres fruitiers, un grand nombre dévastent les arbres divers et les forêts, beaucoup dévorent, dans nos jardins, les plantes potagères ou les plantes d'agrément, d'autres vivent aux dépens des plantes céréales ou des plantes fourragères, les autres nuisent directement à l'homme ou à l'économie domestique.

1° Insectes nuisibles aux arbres fruitiers.

Coléoptères. — Les larves du *hanneton commun* (*Melolontha vulgaris* Fab.), connues sous le nom de *vers blancs*, de *vuares*, rongent les racines de la vigne et des arbres fruitiers, surtout quand ils sont jeunes, et les font périr.

Le hanneton, parvenu à l'état d'insecte complet, occasionne des dégâts bien plus nombreux encore aux

arbres à fruits dont il dévore les feuilles et les bourgeons.

Le hanneton des châtaigniers (*M. hypocastani*
Fab.) cause quelquefois des dommages considérables
aux fleurs de cet arbre. Le hanneton de la vigne
(Anomala vitis Dufst.) est très nuisible à la vigne.
Le hanneton des jardins (*Anisoplia horticola* Meig.)
détériore les jeunes arbres fruitiers.

Il en est de même des autres espèces de hannetons,
dont les dégats sont moins sensibles parce qu'elles
sont beaucoup moins multipliées. La *cétoine velue*
(*Cetonia hirta* Fab.) recherche les fleurs de plusieurs
arbres, principalement celles des abricotiers, et les
fait avorter.

Les larves de l'*écrivain (Eumolpus vitis* Lat.)
rongent les racines de la vigne, et l'insecte parfait
dévore les feuilles en y traçant des lignes en zig zag
qui ressemblent à des caractères ; il attaque aussi les
jeunes raisins. Pour détruire les larves de cet insecte
on emploie avec succès les tourteaux oléagineux du
navet et du colza réduits en poudre. Les feuilles
de la vigne et les jeunes grappes de raisin ont aussi
pour ennemi l'*Altise (Altica oleracea* Fab.), connue
sous le nom de *puce de terre* ou *tiquet.*

Deux espèces de *charançons* ou *curculions (Rhynchites auratus* Sch. et *R. betuleli.* Sch.) causent de
graves dommages aux fleurs du poirier et du pommier, mais surtout aux fleurs et aux feuilles de la
vigne. La femelle pond ses œufs dans les feuilles
qu'elle roule comme un cigare ; le meilleur moyen de

détruire les œufs, ainsi que les larves qui en sortent quelques jours après, c'est d'enlever les feuilles et de les brûler.

Parmi les nombreux charançons qui nuisent aux arbres fruitiers, principalement à l'état de larve, il faut citer : l'*anthonome (Anthonomus pomorum* Fab.), qui attaque les fleurs et les jeunes fruits des poiriers et des pommiers; l'*Apion pomone* Sch., le *Phyllobius oblongus* Sch. et plusieurs espèces de rhynchites qui vivent sur les pommiers, les poiriers, les cerisiers, les pruniers, en rongent les fruits à l'état de larve et les feuilles à l'état d'insecte parfait; le charançon du noisetier (*Attelabus coryli* Fab.), dont la larve ne vit pas seulement aux dépens des noisettes, mais dévore les fleurs, les fruits et même les feuilles d'un grand nombre d'arbres; le *balanine (Balaninus nucum* Sch.), remarquable par sa trompe qui surpasse la longueur de son corps et qui lui sert à percer les noisettes et les noix encore vertes pour y glisser un œuf. La larve, après s'être nourrie de l'amande, fait un trou circulaire dans la coque, se glisse en terre pour s'y transformer en nymphe et devenir insecte parfait au printemps suivant.

A ces *porte-becs* on doit ajouter les *bostriches* et les *scolytes,* dont les larves de plusieurs espèces vivent entre l'écorce et l'aubier des arbres fruitiers, y creusent de nombreuses galeries qui nuisent à la circulation de la sève, entraînent leur dépérissement et occasionnent même la mort des arbres déjà malades.

A la moindre secousse qu'ils éprouvent, les charançons font *le mort* et se laissent tomber. Aussi, pour mettre un frein aux ravages considérables qu'ils font en coupant les bourgeons des arbres à fruits, il faut secouer les arbres en leur adaptant un entonnoir très évasé, ou les faire tomber sur un linge blanc étendu sur le sol.

Lépidoptères. — Les papillons ne nuisent aux arbres fruitiers qu'à l'état de larve ou chenille.

Les chenilles des papillons diurnes leur font peu de mal, sauf celle du *Pieris cratægi* Lat., qui mange les feuilles naissantes de l'amandier et fait tomber ses fruits. Souvent aussi elle dévore les bourgeons et les fleurs des autres arbres fruitiers et dépouille les branches de leurs feuilles. On peut en dire autant de la chenille du *Vanessa polychloros* Latr.

Quelques espèces de papillons crépusculaires font des dégats plus ou moins considérables aux arbres à fruits, comme les chenilles du *Smerinthus ocellatus* L. et *S. populi* L., qui attaquent les fleurs et les feuilles de plusieurs arbres fruitiers ; les chenilles des *Sphinx elpenor* Lat. et *S. porcellus* Lat., qui rongent les feuilles de la vigne ; les chenilles de la *procride de la vigne* (*Procris pruni* Fab. et *Procris vitis* Fab.), qui deviennent parfois un terrible fléau pour les vignobles en détruisant les bourgeons des feuilles et des grappes, à tel point que les ceps dépérissent et meurent.

La nombreuse section des papillons nocturnes cause des dégats incalculables aux arbres fruitiers.

Le *grand paon* et le *petit paon (Attacus pavonia major et minor* Germ.) les dépouillent quelquefois de leurs feuilles.

Mais ils ont principalement à redouter les chenilles des *Bombix neustria* Lat., *B. lanestris* Lat., *B. dispar* Lat., et *B. Cœruleo-Cephala* Lat., qui dévorent indistinctement les fleurs et les feuilles des poiriers, des pommiers, des pruniers, etc. Ces Bombix sont aidés dans leur œuvre de destruction par plusieurs espèces voisines, telles que les *Lasiocampus quercus* et *L. populi* Schrank et l'*Arctia chrysorrhœa* Lat., connue sous le nom de *queue d'or*, dont les chenilles vivent en société et détruisent promptement les bourgeons et les feuilles.

Parmi les *phalénides,* nos arbres fruitiers n'ont d'ennemi que dans le *Phalœna prunata* Lat., le *Cydaria prunata* Lat. et l'*Hybernia defoliaria* Lat., et parmi les *noctuelles,* dans le *Noctua psi* Lat., qui ronge surtout les feuilles et les fleurs du prunier. Le papillon femelle, qui éclôt au printemps, n'a pas d'ailes; on peut l'empêcher de monter sur les arbres pour y faire sa ponte en entourant la base d'une bande de papier recouverte de goudron.

La famille des *pyraliens,* qui renferme les plus petits papillons de nuit, et presque toutes les espèces mignonnes qui viennent voltiger le soir autour de nos lumières, fournit un grand nombre d'espèces nuisibles.

L'*Yponomeuta padella* Lat. dévaste les poiriers, les pommiers et les cerisiers. Les chenilles des

Œcophores, qui ressemblent à des vers blanchâtres, attaquent les feuilles des arbres de nos vergers, les roulent en cornet ou les réunissent en paquets par des fils; détériorent les fleurs, l'écorce et certaines parties du fruit.

La *teigne (Tinea padella* Lat.) vit dans les jeunes fruits, et les fait tomber avant leur maturité. D'autres teignes attaquent les feuilles des poiriers et des pommiers, en rongent le parenchyme et les font sécher.

Les *pyrales* des fruits *(Pyralis pomana, pruniana* et *Cerasiana* Fab.), dont les larves vivent dans l'intérieur des pommes, des poires, des prunes et des cerises, font tomber à terre une grande quantité de fruits avant la maturité et sont cause que beaucoup de fruits, mûris sur l'arbre, pourrissent après la récolte par suite des lésions que ces vers leur ont faites. C'est aussitôt après la floraison que la femelle dépose au sommet du fruit à peine formé un œuf, duquel naît une larve microscopique; et comme chaque femelle pond successivement un nombre considérable d'œufs, il arrive souvent que la plupart des fruits d'un verger sont *tarés.*

La chenille de la *pyrale* de la vigne *(Pyralis vitis* Lat.) suce, à l'époque de la floraison, au commencement de juin, les feuilles et les jeunes grappes de la vigne, les crispe, les enlace de ses fils soyeux, les fait tomber et arrête le cours de la végétation. Une seconde génération paraît quelquefois en automne et endommage les grappes de raisin. Cette espèce peut se multiplier au point d'anéantir des récoltes entières sur une grande étendue de vignobles. C'est ce qui est arrivé pendant une période de dix ans (de 1828 à 1837) dans les départements de Saône-et-Loire et du Rhône qui, d'après les calculs officiels, éprouvèrent la perte énorme de trente-quatre millions de francs par les ravages des pyrales.

Pour préserver les vignes de ce fléau, il faut enlever et brûler les grappes et les feuilles attaquées, surtout les feuilles dont la surface est recouverte de plaques d'œufs.

Un procédé très efficace consiste à laver avec de l'eau bouillante les échalas et les vieux ceps de vigne dont l'écorce recèle dans ses gerçures les œufs et les larves de la pyrale. Lorsque les arbres fruitiers sont dépouillés de leurs feuilles, il est très important de pratiquer l'échenillage, en détruisant les nids des chenilles, dont les toiles s'entrelacent dans les branches, ainsi que les anneaux ou chapelets d'œufs que les femelles des papillons déposent en forme de bracelets autour des ceps de la vigne ou des petites branches des arbres. Il est bon également d'allumer pendant la nuit des feux dans le voisinage des vignes et des vergers, pour attirer les papillons nocturnes qui se précipitent en foule sur la lumière et périssent dans les flammes.

ORTHOPTÈRES. — Dans cet ordre d'insectes on ne connaît que les *forficules* ou *perce-oreille* (*Forficula auricularia* L. etc.), qui nuisent aux arbres à fruits en rongeant les bourgeons, les fleurs et les fruits; elles attaquent de préférence les espaliers pendant la nuit. Pour les détruire on suspend contre les murs des tiges creuses de dahlias ou de roseau, dans lesquelles les forficules se retirent pendant le jour, et l'on secoue ces tiges tous les matins dans un vase rempli d'eau.

HÉMIPTÈRES. — La *punaise* du poirier *(Tingis pyri* Fab.), ronge en août et septembre l'épiderme de la face inférieure des feuilles du poirier, de l'abricotier, du pêcher et du prunier, donne lieu à l'écoulement de la sève par de nombreuses gouttelettes et provoque une chute anticipée de la feuille, ce qui peut faire périr l'arbre. C'est ce que l'on appelle le *tigre-sur-feuilles*. Le *tigre-sur-bois* est une éminence qu'on remarque souvent sur l'écorce des poiriers et des pommiers ; elle est produite par le corps d'une femelle d'hémiptères nommée *aspidiote* (*Aspidiote conchy formis* Serv.).

Plusieurs espèces de *pucerons* verts et noirs *(Aphis vitis* Scop., *A. cerasi* Fab., *A. pruni* Fab., *Aphis mali* Fab.) attaquent la face inférieure des jeunes feuilles qui se déforment, se contournent dans tous les sens et se dessèchent. Le puceron du pommier se multiplie par milliers et peut devenir un véritable fléau pour cet arbre. Cet insecte est d'autant plus difficile à détruire qu'il est recouvert d'une matière cotonneuse le protégeant de la pluie et le rendant invisible.

Les *cochenilles* ou *kermès*, voisins des pucerons, sont aussi funestes à toute sorte d'arbres fruitiers dont ils attaquent toutes les parties vertes et les épuisent en suçant les sucs qui y circulent. Une espèce de cochenille *(Coccus vitis* Lat.) vit aux dépens de la vigne.

HYMÉNOPTÈRES. — Les fourmis rongent les jeunes pousses des arbres en espalier, et entament les fruits, quand ils sont mûrs, surtout les pêches, les abricots, les poires, les prunes, les pommes et les figues. Elles creusent des galeries souterraines sous les racines des jeunes arbres fruitiers, ce qui les empêche de sucer les sucs de la terre et amène même leur mort, lorsqu'ils sont jeunes. De plus elles répandent sur les feuilles un acide *sui generis* qui les fait sécher.

Les larves du *porte-scie* du cerisier *(Tenthredo cerasi* Fab.) endommagent principalement les cerisiers, les poiriers et les pruniers, mangent le parenchyme des feuilles au mois de juillet et les rendent noires et comme brûlées. Elles rongent même les fruits.

Tout le monde connait la rapacité des *guêpes* et des *frèlons* qui dévorent les fruits sur les arbres et surtout les raisins des treilles.

DIPTÈRES. — Beaucoup de mouches se nourrissent du suc des fleurs, sans leur causer de dommage sensible, mais les larves d'un certain nombre vivent de la pulpe des fruits, tels que la larve du *Sciara pyri*

Meig., qui vit dans la poire, et la larve de l'*Ortalis cerasi* Meig., qui se nourrit de la chair de la cerise.

2° Insectes nuisibles aux arbres non fruitiers.

Les arbres à fruits, étant élevés à l'état de *domesticité*, exigent des soins qui nous mettent souvent en rapport avec eux et qui nous rendent plus sensibles les dégâts occasionnés par les insectes. Nous sommes beaucoup moins soucieux des arbres qui bordent nos promenades, qui ombragent nos bosquets, qui garnissent nos bois et nos forêts.

Cependant il y a bien peu d'arbres qui n'aient à nourrir un nombre plus ou moins considérable d'insectes.

Lorsque le nombre de ceux-ci ne dépasse pas certaines limites, les dommages qu'ils causent sont peu importants; mais ils deviennent souvent un véritable fléau sous l'influence de circonstances favorables à leur multiplication.

COLÉOPTÈRES. — Un des ennemis les plus redoutables pour les arbres, c'est le *hanneton commun*. Sa larve ronge les racines et fait souvent périr les arbres. On a trouvé autour d'une souche ainsi minée jusqu'à dix litres de ces *vers blancs*. Des forêts entières ont été détruites par ces larves. Devenu insecte parfait, on le voit par myriades dévorer les feuilles de beaucoup d'arbres, principalement celles des ormes, des chênes, des hêtres, des peupliers, des bouleaux, etc.

Il est assez rare que les arbres, ainsi dépouillés, périssent, mais ils languissent pendant plusieurs années et reprennent difficilement leur première vigueur. Ce sont surtout les arbres des lisières, placés le long des champs cultivés, qui sont exposés aux ravages de ces insectes, parce que leurs larves se développent dans les terres remuées par la culture.

Dans certaines années, les hannetons se montrent en si grande quantité dans les mois de mai et de juin, qu'ils dévastent les arbres de toute une contrée. Parfois ils se réunissent en essaims, comme les sauterelles, et ils émigrent dans un autre pays, lorsqu'ils ne trouvent plus de nourriture dans celui où ils sont nés.

Ces animaux malfaisants ont beaucoup d'ennemis dans la nature. Plusieurs insectes, surtout le *jardinier* (*Carabus auratus* L.) leur font la guerre, ainsi que les fouines, les belettes, les musaraignes, les rats, les corbeaux, les pies, les chouettes et les nombreux oiseaux nocturnes. Mais ces destructions ne sont pas suffisantes, et il importe aux agriculteurs d'attaquer les hannetons par tous les moyens en leur pouvoir, soit en faisant ramasser les *vers blancs* au moment du labour des terres, soit surtout en faisant recueillir les hannetons adultes sur les arbres. Comme ils sommeillent pendant le jour sur les branches, il est facile de les faire tomber sur des toiles et de les faire périr. On peut en nourrir les volailles et les porcs

qui en sont très friands. On peut aussi les utiliser en les faisant bouillir dans l'eau pour en extraire une huile qui sert à graisser les roues des voitures.

Les autres espèces de *mélolonthides* nuisent plus ou moins aux arbres; ainsi le *hanneton du solstice* *(Amphimallon solstitialis* Lat.) dévore les feuilles des ormes, des peupliers, des saules, des hêtres, des pins. Les larves de l'*Anisoplia horticola* Fab. rongent les racines des pins.

Les *trichies* et les *cétoines*, dont les brillantes couleurs ornent les fleurs de nos jardins, vivent à l'état de larves dans les bois qui commencent à pourrir, activent promptement la décomposition des arbres et les font périr. Il en est de même des larves des *lucanides*, qui vivent plusieurs années dans les troncs d'arbres qu'elles sillonnent de galeries ; celles du *cerf-volant* *(Lucanus cervus* L.) attaquent de préférence les chênes dont l'insecte parfait mange les feuilles et suce la sève qui s'écoule entre les fissures de l'écorce. On rencontre un grand nombre d'espèces de *charançons* sur les arbres, mais en général ils font des dégâts peu sensibles. Les *polydroses* (*P. flavipes* Sch., *P. sericeus* Fab.) perforent surtout les feuilles des charmes.

Les *Brachyderus incanus* Sch., *Hylobius abietis* Fab., *Sitona lineatus* Fab. et *Pissodes pini* Sch. sont très nuisibles aux pins et aux sapins; leurs larves s'introduisent dans les jeunes bourgeons, rongent le *liber* de ces arbres et les font périr. Le *pissode*, parvenu à l'état d'insecte parfait, a la précaution de

couper à demi les jeunes tiges et les pétioles des
feuilles du pin, afin que la sève n'afflue que difficilement dans l'organe flétri et ne puisse étouffer ses
jeunes larves.

Le *cryptorhynque de la patience (C. lapathi* Sch.)
creuse des trous profonds dans les troncs des saules
et leur occasionne de grands dégâts. L'*Orchestes fagi*
Sch. et l'*Anthonomus ulmi* Gyll. vivent aux dépens
de l'orme, comme l'*Hylobius fraxini* Fab. vit aux
dépens du frêne.

De petits insectes, qui ressemblent à beaucoup
d'égards aux *charançons*, sont un fléau pour les
arbres des forêts : ce sont les *xylophages* ou *mange-
bois;* ils creusent des galeries entre le bois et l'écorce
des arbres, lorsqu'ils sont à l'état de larve, et dévorent les feuilles à l'état adulte. Les plus dangereux
appartiennent aux genres *Scolytes, Hylésines, Bostriches* et *Tomiques.* Les *scolytes* sont quelquefois
si nombreux dans les forêts que les arbres en sont
tatoués dans toute leur étendue.

En 1837, on fut obligé d'abattre, dans le bois de
Vincennes, vingt mille pieds de chênes de 30 à 40 ans,
qui étaient entièrement perdus par les ravages du
Scolytus pygmeus Lat.

Le *Bostrichus capucinus* Lat. et le *Scolytus des-
tructor* Lat. attaquent les arbres de nos grandes
routes et de nos jardins. Le *Tomicus typographus*
Lat. coupe et perce en tous sens les arbres résineux ;
c'est un fléau des plus redoutables dans les forêts de
pins.

En 1783, on perdit dans la forêt du Hartz un million et demi de pins, qui furent détruits par ces *xylophages*.

Les larves des *capricornes*, ou coléoptères à *longues cornes*, se nourrissent du bois des arbres. Au mois de juin, on rencontre sur les chênes le *grand capricorne* (*Cerambix heros* L.) dont la larve creuse ses galeries dans l'intérieur de l'arbre et lui occasionne souvent des dégâts considérables.

Les larves de *prione* vivent dans les troncs des chênes et des bouleaux, et font un grand tort à ces arbres dans lesquels elles se creusent des galeries au moyen de leurs mandibules, s'y mettent en chrysalides, et l'insecte parfait y fait sa résidence d'où il ne sort qu'à la nuit. Celles de l'*Aromia moschata* Scop vivent dans les saules, et celles des *Saperdes* dans les peupliers.

Tous les insectes de la famille des capricornes vivent à l'état de larve dans le tronc ou sous les écorces des arbres, les criblent de trous, en y pratiquant des galeries dont la largeur augmente à mesure que l'insecte grossit. Ces larves lignivores, dont la bouche est armée de mâchoires puissantes, coupent, comme avec des tenailles, les fibres du bois et se creusent ainsi des trous cylindriques qui déterminent fréquemment la décrépitude et la mort des plus gros arbres.

Parmi les *chrysoméliens*, un grand nombre d'espèces, surtout pendant le premier état de leur vie, rongent les feuilles des arbres et leur nuisent parfois

au plus haut degré. Ainsi, les feuilles du peuplier et
du saule sont souvent entièrement dévorées par la
line du peuplier *(Lina populi* Fab.), et celles des
aulnes sont fréquemment déchiquetées par des myriades d'*Agelastica alni* Fab.

La *galéruque* de l'orme *(Galeruca ulmariensis*
Fab.), tant à l'état de larve qu'à l'état d'insecte parfait, se trouve parfois en si grande quantité sur les
ormes que les feuilles de ces arbres, entamées de
toutes parts par les mandibules de ces insectes, ne
tardent pas à tomber.

Lépidoptères. — Les papillons, surtout les nocturnes, causent les plus grands ravages dans les
plantations d'arbres. La chenille de la *Vanesse morio*
(*Vanessa antiopa* Lat.) vit en société sur le bouleau,
le tremble, l'orme et diverses espèces de saules; celle
de *Robert le diable (Vanessa gamma* Lat.) mange
les feuilles de l'orme. Le *sphinx du tilleul (Smerinthus tiliæ* Lat.) nuit souvent aux tilleuls et
aux ormes, et le *sphinx du peuplier (Smerinthus
populi* Lat. et *S. ocellatus* Lat.) nuit aux peupliers, aux trembles, aux bouleaux et aux saules.
La *Sesia apiformis* Lat. ronge de préférence la
base de la tige et les racines des saules et des peupliers. Elle se tient toujours au pied du tronc, ras
de terre.

La chenille du *ronge-bois (Cossus ligniperda* Lat.)
attaque les saules, les peupliers, les chênes et surtout
les ormes; jeune encore, elle dévore le *liber* et l'*au-*

3

bier de ces arbres, creuse de longues galeries qui les font périr.

Les chenilles du *Bombix pini* Lat. rongent les bourgeons des pins pendant l'été, et, au printemps suivant, elles en dévorent les feuilles et les jeunes pousses.

Les chenilles de la *livrée* (*Bombix neustria* Lat.) vivent en société sur un grand nombre d'arbres de nos forêts et nuisent principalement aux chênes. Les jeunes chênes ont aussi beaucoup à souffrir de celles de la *queue d'or* (*Arctia chrysorrhea* Lat.), et surtout des *processionnaires* (*Bombix processionnea* Lat.) dont les troupes nombreuses sortent le soir de la toile commune, qui les abrite et dépouillent en quelques heures un chêne de toutes ses feuilles.

La chenille du *Bombix pudibunda* Lat. vit surtout sur le hêtre, et celle du *Bucéphale* (*B. bucephala* Lat.) sur le tilleul et le chêne. Les chenilles du *moine* (*B. monaca* Lat.) attaquent de préférence les pins et les sapins et mangent aussi les feuilles du bouleau, du hêtre et du chêne.

Quant à celles du *Bombix dispar* Lat., elles sont si voraces qu'elles s'en prennent à tous les arbres indistinctement.

Plusieurs espèces de *phalènes* et de *noctuelles* font aussi beaucoup de mal aux pins, dont elles rongent les jeunes bourgeons.

ORTHOPTÈRES. — Parmi les insectes de cet ordre, les arbres n'ont à craindre que la *taupe-grillon*, qui

cause souvent de grands dommages aux jeunes plantations dont elle coupe les racines.

HYMÉNOPTÈRES. — Les larves de *sirex (Sirex gigas* Lat.) percent le bois vert et y vivent plusieurs années. On les rencontre en grand nombre dans les forêts de sapins qui dépérissent bientôt et meurent de ces perforations multipliées.

L'*abeille perce-bois (Xylocopa violacea* Fab.) creuse de nombreuses galeries dans le bois des vieux arbres, y construit des cellules superposées dont elle garnit le fond de pollen pétri avec du miel, dépose un œuf au milieu de cette pâtée et ferme la cellule par un plafond de sciure de bois agglutinée avec sa salive. Sur ce plafond elle établit une nouvelle cellule, et ainsi de suite, jusqu'à l'orifice, qu'elle ferme de la même manière.

Mais c'est surtout parmi les larves des *porte-scies* ou *tenthrèdes* que les arbres ont des ennemis fort redoutables.

Les larves du *Tenthredo pini* Lat. dévorent les feuilles du pin sylvestre; celles du *Tenthredo salicis* Fab. et *T. caprecœ* Fab. rongent les saules.

La *lophyre du pin (Lophyrus pini* Lat.) attaque les feuilles des pins et autres arbres verts de nos forêts.

DIPTÈRES. — On n'a pas remarqué que les larves des mouches aient causé de graves dommages aux arbres; il faut en excepter celles du *xylophage (Xylo-*

phagus varius Lat.), qui vivent dans les chênes et les criblent de trous propres à entraver la circulation de la sève.

3° Insectes nuisibles aux jardins potagers et aux jardins d'agrément.

Outre les nombreux insectes qui attaquent les arbres fruitiers et les arbres d'agrément, les jardins ont à redouter une multitude d'insectes qui vivent spécialement aux dépens des plantes potagères ou des plantes cultivées pour orner les parterres et les bosquets.

COLÉOPTÈRES. — Les larves du *hanneton* semblent préférer les racines des salades, des fraisiers, des rosiers ; mais elles ne dédaignent pas les autres plantes des jardins et s'attaquent aussi bien aux légumes qu'aux arbustes. Les ravages qu'elles exercent sont parfois incalculables. Devenu insecte parfait, le hanneton dévaste les arbustes des jardins et des bosquets. Cet insecte malfaisant rencontre dans les jardins un ennemi implacable dans le *carabe doré (Carabus auratus* Fab.), appelé *jardinier,* qui se nourrit souvent des intestins de hannetons.

Les larves de plusieurs espèces de *taupins (Agriotes segetis* Gyll., etc.) dévorent les racines des légumes, surtout celles des laitues, dont les pieds atteints ne tardent pas à périr.

Les larves d'un grand nombre de *charançons* nuisent aux plantes potagères. Le choux nourrit dans ses racines la larve du *Ceutorrhynchus sulcicollis* Schœn. Les *apions* et les *bruches* vivent dans l'intérieur des tiges ou des graines des plantes légumineuses et leur occasionnent souvent d'énormes dégâts. La *bruche du pois (Bruchus pisi* L.) se creuse une habitation dans le pois et l'insecte parfait en sort par un trou circulaire. La *bruche des fèves* marque chaque fève de plusieurs points noirs.

Les larves du *bouclier (Silpha obscura* Lat.) font beaucoup de tort aux jeunes navets et aux jeunes betteraves, dont elles dévorent les feuilles.

Les *nitidules* attaquent les fleurs du colza et les rongent de telle sorte qu'elles ne viennent pas à fruit.

Les *cassides (Cassida viridis* Lat.) ravagent les artichaux et les betteraves. Les *criocères (Crioceris asparagi* Lat. et *C. 12-punctata* .Lat.) rongent les feuilles d'asperges et causent souvent des dégâts considérables.

Les *puces de terre* ou *altises (Altica oleracea* Fab. etc.) dévorent les planches de semis de choux, de navets, de raves et de radis. Elles attaquent aussi les haricots. Dès qu'on approche des jeunes plantes, les altises s'élancent comme les puces et retombent à terre, où il est très difficile de les saisir.

Pour éloigner ces insectes, il faut agiter les graines dans la fleur de soufre quelque temps avant de les semer. Pour les faire périr on emploie des décoctions de plantes âcres , telles que le tabac, le sureau, le noyer. De l'eau chargée de potasse ou de suie peut être employée au même usage.

Une espèce de *criocère (Crioceris merdigera* Lat.) dévore chaque année dans nos jardins plusieurs plantes de la famille des liliacées, principalement le lys blanc et la *couronne impériale.*

Les larves du *rhinocéros (Oryctes nasicornis* Lat.) nuisent quelquefois aux jardins où elles vivent dans la tannée, que l'on emploie dans les couches et les terres chaudes. Ces larves vivent environ trois ans, comme celles des hannetons.

La *cétoine dorée (Cetonia aurata* Fab.) fréquente surtout les roses et les pivoines, dont elle mange les pétales et les étamines.

Lépidoptères. — Une chenille verte avec des taches jaunes cause quelquefois de grands dégâts parmi les carottes, dont elle mange les feuilles, c'est la chenille du papillon *Machaon* ou *grand porte-queue.* Les chenilles de la *belle dame (Vanessa cardui* Fab.) attaquent les artichauts. On a vu à Nice un hectare d'artichauts dévoré par ces insectes.

La *piéride du chou* (*Pieris brassicæ* Lat.) anéantit souvent les plantations de choux. Cette chenille est si vorace qu'elle consomme par jour plus du double de son poids, et, comme elle se multiplie beaucoup, elle devient facilement un fléau pour les potagers. La *piéride de la rave* (*Pieris rapæ* Lat.) dévore les feuilles de la rave, de la capucine et du réséda; la

piéride du navet (*Pieris napi* Lat.) attaque les feuilles du navet.

Parmi les *papillons nocturnes* qui nuisent le plus aux jardins il faut citer le *phalœna grossulariata* Lat., dont la chenille vit sur les différentes espèces de groseillers ; la *teigne des pois* (*Grapholitha pisana* Fab.) et la *teigne de l'oignon*. Mais ce sont surtout les chenilles des *noctuelles* qui infestent les jardins potagers : ainsi la *noctuelle du chou* (*Noctua brassicœ* Lat.) perce le cœur du chou et le fait avorter, la *noctuelle potagère* (*Noctua oleracea* Fab.) détruit les choux et les salades ; la *fiancée* (*Noctua sponsa* Lat.) et le *gamma* (*Noctua gamma* Lat.) promènent leur voracité sur toute sorte de légumes.

ORTHOPTÈRES. — Les *forficules* ou *perce-oreille* dévorent souvent les légumes encore tendres. Leurs dégâts consistent aussi à couper les pétales des fleurs, les étamines, les jeunes plantules, à ronger les feuilles et les fruits ; on voit des *perce-oreille* détruire des plantations d'œillets, de dahlias, etc. Ces insectes ne dévastent que la nuit et se retirent le jour sous les pierres, les tuiles et dans les crevasses des arbres.

Les *courtilières* pratiquent de nombreuses galeries en tous sens, soulèvent et éventent les racines des jeunes semis et les font périr. En se faisant un passage entre deux terres, elles coupent aussi les racines des melons et de toute sorte de plantes.

Pour détruire les *courtilières* on verse ordinairement dans leurs galeries un verre d'eau mélangée de quelques gouttes d'huile, ou bien on fait en terre des trous carrés, remplis de fumier, où elles ne tardent pas à être attirées par la chaleur et par les insectes qui s'y développent et où il est facile aux jardiniers de les faire mourir.

HÉMIPTÈRES. — Différentes espèces de *punaises* sucent la sève des plantes potagères. La *punaise du chou* (*Cimex ornatus* Fab.) se trouve très communément sur le chou et la plupart des plantes crucifères; la *punaise verte des potagers* (*Pentatoma oleracea* Lat.) et les *punaises rouges* ou *lygées* infestent les plantes des jardins. Les *punaises* exhalent une odeur désagréable, très pénétrante, due à un fluide sécrété par une glande jaune ou rouge qui occupe le centre du corselet et aboutit entre les pattes postérieures.

Tout le monde connaît par expérience la mauvaise odeur que la *punaise grise* (*Cimex griseus* Fab.) communique aux framboises, aux fraises, aux mûres et autres fruits des jardins.

Les *pucerons* font beaucoup de mal dans les jardins. Ils attaquent surtout le chou, la rave, le radis, l'oseille, la fève, les artichaux, les rosiers, dont ils sucent la sève. Il est peu de plantes dans nos jardins qui ne nourrissent quelque espèce de *puceron*.

Pendant tout l'été, on voit sur les branches, sur les feuilles, mais principalement sur les jeunes pous-

ses du rosier des groupes considérables de *pucerons* verts qui sont occupés à sucer la sève de cet arbuste.

Le *puceron du chou* (*Aphis brassicæ* Lat.) nuit beaucoup aux plantations de choux. On peut les détruire en lavant la plante infectée avec une décoction de tabac.

Ces animalcules ont du reste pour ennemis beaucoup d'oiseaux, d'*ichneumons*, de *syrphes*, de *fourmis* et de *coccinelles*.

HYMÉNOPTÈRES. — Comme les fourmis se nourrissent de toute sorte de substances, elles font assez souvent de grands torts aux fleurs et aux fruits.

Les larves du *Tenthredo spinarum* Fab. dévorent le colza et le groseiller; celles du *Tenthredo rosæ* Fab. vivent en grande quantité sur les rosiers, dont elles détruisent les feuilles.

DIPTÈRES. — Les navets, les oignons, les choux nourrissent, au collet de leurs racines, les larves de diverses *anthomyes* (*A. radicum* Meig., *A. cæparum* Meig., *A. brassicæ* Meig.), et celles de plusieurs autres mouches, telles que la *Tachina larvarum* Meig. et l'*Ocyptera brassicaria* Fab. Les carottes sont attaquées par le *Psylomia rosæ* Meig. Les larves de la *Platomyza geniculata* Meig. et de la *P. acetosæ* Meig. vivent dans le parenchyme des feuilles du chou, de l'oseille et de la capucine. La larve de la *Tipula oleracea* L. vit au pied des betteraves, des pommes de terres et des laitues.

La larve du *Merodon clavipes* Lat. dévore les bulbes de narcisses.

4° Insectes nuisibles aux céréales et aux fourrages.

Beaucoup d'insectes ne se contentent pas d'exercer leurs ravages dans les jardins, et portent la destruction parmi les plantes herbacées des champs et des prairies; d'autres, plus nombreux encore, vivent exclusivement aux dépens de ces végétaux.

COLÉOPTÈRES. — La larve du *zabre bossu (Zabrus gibbus* Fab.), qui vit deux ou trois ans en terre, se répand la nuit au pied des plantes céréales, en attaque la base et coupe le jeune pied pour l'emporter dans son trou. En juillet l'insecte parfait monte le long des chaumes du blé et du seigle pour dévorer les grains dans leurs balles. Le *zabre bossu* se multiplie assez pour devenir quelquefois un vrai fléau; c'est ce qui est arrivé en Prusse en 1812 et en Belgique en 1858. Les oiseaux insectivores, surtout les corneilles, leur font une guerre acharnée.

L'*Anisoplia arvicola* Meg., espèce de petit hanneton cuivré, la *Cetonia hirta* Fab. et la *Cetonia stictica* Fab. se nourrissent, pendant la floraison des blés et des seigles, du grain encore tendre.

Les larves du *hanneton* commun et celles de plusieurs espèces de *taupins* dévorent les racines des céréales. Ce sont principalement les larves du genre *Agriotes* qui dévastent les champs de blé.

Le *Pedinus glaber* Lat. mange les grains du maïs en terre.

Un *longicorne* surnommé l'*Aiguillonneur* (*Agapanthia marginella* Serv.) cause souvent d'immenses dégats dans les champs de blé. En juin la femelle pratique avec ses mandibules, à peu de distance au-dessous de l'épi, un trou où elle dépose un œuf qui tombe peu à peu jusqu'à la cloison du premier nœud. Après huit ou quinze jours il éclot et la jeune larve ronge l'intérieur et descend jusqu'à la base pour passer l'hiver un peu au-dessus de la racine. Les chaumes ainsi rongés ne peuvent supporter le poids des épis mûrs qui tombent au moindre vent, et la tige brisée reste droite comme un *aiguillon*.

La famille des *charançons* fournit beaucoup d'ennemis aux plantes céréales et fourragères.

L'*Apion frumentarium* Herbst. attaque les grains tendres et succulents du froment.

Plusieurs *Apions,* tels que l'*Apion à pattes jaunes* (*A. flavipes* Schœn.), l'*Apion à cuisses fauves* (*A. flavo-femoratum* Schœn.), l'*Apion apricans* Herbst., et l'*Apion viciæ* Schœn., déposent leurs œufs sur diverses espèces de légumineuses, surtout sur les trèfles et les vesces, et leurs larves, rongeant la base de ces fleurs, les font avorter.

Le *Rhynchænus acridulus* Fab. nuit souvent aux luzernes et l'*Hylastes trifolii* Erichs. ronge les racines du trèfle. L'*Otyorhynchus ligustici* Schœn. ravage les prairies artificielles. Plusieurs larves de *chrysoméliens,* telles que les larves du *Colaphus ater* Oliv. et de l'*Eumolpus obscurus* Fab. rongent les parties vertes des luzernes et des trèfles en avril, mai et juin, et les insectes parfaits continuent les mêmes ravages jusqu'à l'hiver. La larve du *Calosoma sycophanta* L. fait une guerre implacable à ces insectes voraces.

Diverses espèces de *chrysomèles,* parées des plus vives couleurs métalliques, vivent sur les blés, les seigles et autres plantes céréales et fourragères.

Les *coccinelles* (*Coccinella globosa* Lat., *C. bipunctata* Fab., etc.) font aussi des dégats plus ou moins considérables dans les prairies naturelles et artificielles. Le *Coccinella globosa* Lat. attaque surtout les luzernes.

LÉPIDOPTÈRES. — La chenille de la *noctuelle moissonneuse* (*Agrotis segetum* Ochs.) vit à la racine des céréales et la ronge pendant l'hiver et le printemps. La *noctuelle du froment* (*Noctua tritici* L.) se nourrit de diverses graminées et dévore les épis du blé. Plusieurs autres espèces de *noctuelles* (*Noctua gamma* Lat., *N. graminis* Lat., etc.) attaquent les plantes à fourrages et occasionnent souvent de graves dommages aux prairies.

La chenille de la *phalène du seigle* (*Phalœna secalis* Fab.) s'insinue entre les feuilles et la tige du seigle, et ronge la plante, à tel point que l'épi blanchit, se dessèche et meurt avant que les grains arrivent à leur maturité. Cette chenille, après avoir gâté un pied de seigle, en attaque d'autres jusqu'à

ce qu'elle soit parvenue à son accroissement complet; elle descend alors en terre et s'y ensevelit pour se transformer en chrysalide. Beaucoup d'autres chenilles de papillons nocturnes ravagent les cultures fourragères, telles que les chenilles d'*Arctia fuliginosa* Lat., de *Bombix morio* Fab., d'*Eubolia bipunctata* Dup., de *Phalœna clathrata* L., etc. Les chenilles de ces deux dernières espèces attaquent surtout les luzernes en avril, mai, juin et juillet.

ORTHOPTÈRES. — Les *forficules* dévorent les jeunes herbes et se multiplient quelquefois au point de causer des dégats notables dans les prés et les champs.

Les *courtilières* se servent de leurs pattes antérieures comme d'une scie et d'une pelle pour creuser des galeries souterraines et causent de grands dommages aux cultures des céréales et des fourrages en altérant les racines des plantes qui se rencontrent sur leur passage.

Les *locustes* ou *sauterelles* vivent dans les prairies et les champs de blé et en dévorent les plantes. On attribue ordinairement aux *sauterelles* les ravages occasionnés par les *criquets*, qui ne se contentent pas de nous assourdir d'un véritable bruit de crécelle en frottant tour à tour leur cuisse droite et leur cuisse gauche sur leurs élytres, mais font chaque année des dégâts plus ou moins considérables dans nos champs et nos prés. Certaines espèces se multiplient d'une manière si prodigieuse qu'elles constituent un véritable fléau, ravageant des champs entiers. L'espèce la plus dangereuse est le *criquet nomade* (*Acrydium migratorium* Lat.), dont il est parlé dans l'Ecriture-Sainte comme d'un fléau dont Dieu frappa l'Egypte au temps de Moïse. Ces *criquets* de passage émigrent souvent en hordes innombrables des déserts de l'Afrique, s'élèvent dans les airs en forme de nuage assez grand pour obscurcir les rayons du soleil, et dévastent tous les lieux par où ils passent. La plupart s'arrêtent dans le nord de l'Afrique, mais de nombreux essaims sont quelquefois portés par les vents dans le midi de la France, et l'année passée ils ont suivi le bassin du Rhône jusqu'à Lyon, ont dévasté les campagnes d'une partie des départements du Rhône et de l'Isère et ont même atteint quelques communes du département de la Savoie.

HÉMIPTÈRES. — Dans les mois d'avril, de mai et de juin, les plantes fourragères, plus spécialement les trèfles et les luzernes, sont infestées par l'*écumeuse* (*Cercopis spumaria* Fab.) dont la larve suce les sucs tout en restant ensevelie, pour se garantir des ardeurs du soleil, sous une sorte d'écume blanchâtre que les paysans appellent *crachat de coucou*.

Une espèce de *puceron*, le *thrips noir* (*Thrips physapus* Lat.) attaque les tiges de blé au-dessus des nœuds les plus élevés au moment où le grain commence à se former et les fait sécher. Le *puce-*

ron de l'avoine (*Aphis avenœ* Lat.) exerce les mêmes ravages sur l'avoine.

DIPTÈRES. — Il serait trop long de citer toutes les innombrables espèces de mouches dont les larves vivent aux dépens des céréales et des plantes fourragères. Il suffit d'énumérer les espèces les plus dangereuses. La femelle de la *mouche à blé* (*Cecidomia tritici* Meig.) dépose au cœur de l'épi, quand celui-ci commence à paraître, une douzaine d'œufs qui éclosent peu de jours après. Les petites larves on bientôt dévoré les fleurs en train de se former. Cette mouche a pour ennemi le *Psylle de bosc* qui introduit ses œufs dans le corps des larves de la mouche à blé qui servent de nourriture à sa postérité.

Les larves de la *Sapromyza frit*. Meig. dévore les jeunes tiges d'orge; il en est de même de la *téphryte* de l'orge.

L'*oscine* du seigle (*Oscinis pumilionis*, Fab.) endommage souvent les champs de seigle. L'*oscine à pattes jaunes*, l'*oscine noire*, la *téphryte pâle*, la *leptocère noire* et le *chlorops* des céréales s'attaquent indifféremment aux blés, aux seigles et aux orges.

Les *oscinites* nuisent aussi beaucoup aux plantes des prairies.

L'*Agromyza nigripes* Fab. attaque les luzernes.

Il y a des années où les larves des *tipules* se multiplient tellement qu'elles ravagent les racines des plantes dans les champs et les prés et en font périr un grand nombre.

5° Insectes nuisibles à l'homme et à l'économie domestique.

COLÉOPTÈRES. — La femelle du *charançon* du blé (*Sitophilus granarius* Sch.) dépose ses œufs dans le grain, tandis que celui-ci est encore dans l'épi, et de ces œufs sortent des larves invisibles, appelées *calandres*, qui dévorent l'intérieur des grains entassés dans les greniers, et ce n'est qu'après la transformation de ces larves en insectes parfaits qu'on s'aperçoit de la présence de ces petits êtres dévastateurs, qui n'attaquent pas seulement le froment, mais encore le seigle, l'orge et le riz. On a calculé qu'un seul couple peut produire plus de 6,000 individus dans l'espace d'une année.

On rencontre souvent, dans les granges et les greniers, pêle-mêle avec cet insecte de couleur brune, un autre petit *charançon (Apion frumentarium* Sch.), d'un rouge de sang pâle, qui se multiplie au point de causer d'énormes dégâts aux provisions de céréales (1).

(1) On a proposé un grand nombre de procédés pour détruire les *charançons* qui attaquent le blé. Le plus efficace consiste dans l'emploi des tarares qui vannent, secouent le grain et le projettent avec une grande force contre des corps durs ; tel est l'appareil inventé par M. Doyère ; tous les grains sont également frappés et toutes les larves détruites. De plus, tout insecte vivant, mêlé au blé, en sort infailliblement tué, pourvu qu'on imprime à cet appareil une vitesse rotative de 700 à 800 mètres par minute, et il suffit de trois hommes pour assainir quinze quintaux métriques de grains dans une heure.

La *chevrette brune* ou *cadelle,* larve du *trogosite (Trogosita caraboides* Fab.), vit aussi de la substance farineuse du blé renfermé dans les greniers et peut être détruite par les mêmes procédés que les *charançons.*

La larve d'un *charançon (Lixus paraplecticus* Sch.) vit dans les tiges du *Phellandrium*, et cause la paraplégie ou paralysie des chevaux.

Les larves molles et hérissées de poils des *dermestides* sont un fléau pour les collections d'histoire naturelle, pour les provisions de viandes desséchées, pour les pelleteries, et même les papiers.

Le *dermeste du lard* (*Dermestes lardarius* Lat.) attaque surtout le lard et autres viandes salées, le beurre et les matières grasses renfermées dans les greniers et les cuisines.

Le *dermeste des pelleteries (Dermestes pellio* Lat.) détruit de préférence les peaux, les fourrures et les cocons du ver à soie.

Les *attagènes* (*Attagenus Serra* Lat. et *A. Megatoma* Fab.) se rencontrent fréquemment dans les collections d'histoire naturelle ; mais l'ennemi le plus acharné des collections entomologiques est l'*anthrène des musées* (*Anthrenus musæorum* Lat.), dont la larve ravage aussi les pelleteries.

Pour éloigner ces dermestides redoutables on emploie, mais sans beaucoup de succès, le poivre, le camphre, le tabac, l'huile de pétrole, l'essence de térébenthine et autres substances fortement aromatiques.

4

Deux petits coléoptères d'un brun grisâtre, le *voleur* (*Ptinus fur* Lat.) et le *larron* (*Ptinus latro* Lat.), sont très nuisibles aux bois employés dans les constructions ; on les rencontre fréquemment dans les maisons, où leurs larves perforent les chambranles des fenêtres, les portes, les chaises et autres meubles ; elles attaquent également les herbiers, les livres, les biscuits de mer et les céréales dans les greniers.

Le *ptilin* (*Ptilinus pectinicornis* Lat.) vit de la même manière que les *ptines ;* il en est de même de la *gibbie* (*Gibbium scotias* Lat.).

Dans les appartements on entend quelquefois, surtout au printemps, un petit bruit semblable au battement d'une montre et qui a reçu le nom vulgaire d'*horloge de la mort*. Ce sont des *vrillettes* qui s'appellent. Les plus communes sont la *vrillette opiniâtre* (*Anobium pertinax* Lat.) et la *vrillette marquetée* (*A. tessellatum* Lat.), qui vivent des bois de charpente, qu'elles finissent à la longue par réduire en poussière ; elles percent surtout d'un grand nombre de petits trous ronds, semblables à ceux que ferait une vrille, et rendent complètement vermoulus les livres, les meubles et les boiseries.

La *vrillette du pain* (*Anobium paniceum* Lat.) se nourrit du pain, du biscuit de mer, des substances farineuses ; elle attaque souvent les collections de plantes, les livres et les pains à cacheter.

Tous ces *ptinides* contrefont le mort dès qu'on les

inquiète et se laissent choir en contractant leurs pattes (1).

Le *meunier* ou *ténébrion* (*Tenebrio molitor* Lat.) est un insecte nocturne dont la larve, connue sous le nom de *ver de la farine*, est une pâture très agréable aux oiseaux de volière et surtout aux rossignols en cage, dévore les céréales entassées dans les greniers, et plus encore la farine dans les moulins et dans les boulangeries. Le pain fait avec ces farines altérées, est désagréable au goût et malsain. Le *ténébrion obscur* (*Tenebrio obscurus* Lat.) moins commun que le précédent, se rencontre aussi dans les maisons et produit les mêmes dégâts.

La larve du *rhinocéros* (*Oryctes nasicornis* Lat.) est un gros ver blanchâtre qui vit souvent dans la tannée que l'on emploie dans les serres chaudes et dans les couches et y occasionne des ravages plus ou moins considérables.

Les larves de la *trichie* (*Trichius fasciatus* Fab.) charmant insecte à élytres jaunes avec bandes transversales noires qui vit sur les roses de nos jardins, se

---

(1) De nombreuses observations, consignées dans divers mémoires et dans les comptes-rendus de l'Académie des sciences, font voir que dans plusieurs circonstances des balles de plomb, des caractères d'imprimerie, des plaques de zinc, etc., ont été perforés par des larves de *bostriches* et d'autres insectes lignivores.

A l'époque de la guerre de Crimée on trouva beaucoup de balles percées, ce qui donna d'abord lieu aux plus étranges conjectures, mais on découvrit bientôt que les perforations étaient l'œuvre d'un hyménoptère de nos Alpes appelé *Sirex juvencus* Fab. En 1870, on a remarqué à Paris des caisses de cartouches et de balles percées de petits trous. C'est encore évidemment le fait des insectes *perforants*.

rencontrent quelquefois en si grand nombre dans les poutres des ponts en bois qu'elles en labourent l'intérieur en tout sens, les creusent jusqu'au dessous de la superficie, de manière que le brisement des poutres survient, quoiqu'elles paraissent extérieurement dans un parfait état de conservation.

Un coléoptère, aux élégantes couleurs rouge et violette, se trouve fréquemment sur les fleurs pendant l'été, c'est le *clairon des ruches* (*Trichodes apiarius* Fab.) dont la larve très carnassière est le plus grand ennemi des abeilles. Le clairon dépose ses œufs dans les cellules des abeilles, les larves qui en naissent dévorent les vers qui y sont contenus et amènent ainsi le dépérissement des ruches.

Les abeilles ont aussi pour ennemi la larve d'un insecte de la famille des Cantharides, le *Sitaris humeralis* Fab.

D'autres *Cantharidiens* qui vivent en grand nombre dans les prairies dont ils dévorent l'herbe, font souvent gonfler et même mourir les bestiaux qui les ont avalés; ce sont les *méloés* (*Meloe proscarabœus* Lat., *M. majalis* Lat. et *M. autumnalis* Fab.) remarquables par leur pesanteur occasionnée par l'énorme volume de leur abdomen.

Les Romains les appelaient déjà *enfle-bœuf,* et il en est fait mention dans la loi de *Cornelius* (*Lex cornelia de sicariis et veneficis*).

Pour échapper aux oiseaux et aux petits mammifères insectivores, ils ont la ressource de faire suinter par les articulations de leurs pattes une liqueur d'un jaune rougeâtre, dont l'odeur et les propriétés caustiques repoussent leurs agresseurs.

LÉPIDOPTÈRES. — Deux papillons de nuit causent aux provisions de grains des dommages non moins considérables que ceux des *charançons ;* ce sont l'*alucite des céréales* (*Butalis cereatella* Dup.) et la *teigne des grains* (*Tinea granella* Lat.), qui toutes deux logent dans les grains du blé leurs œufs, d'où sortent des chenilles fort petites, mais très destructives.

On s'aperçoit difficilement de la présence des *alucites,* qui dévorent la substance farineuse dans l'intérieur des grains, tandis qu'il est facile d'apercevoir les *teignes,* qui lient ensemble avec leurs fils de soie plusieurs grains de blé et se mettent à les ronger extérieurement. On peut faire périr ces insectes en faisant chauffer le blé à 60 degrés, ce qu'on appelle le soixanter ; mais il est préférable d'employer le *tue-teignes* de M. Doyère, qui sert aussi à la destruction des *charançons* et autres insectes vivant aux dépens des grains.

Les larves d'un grand nombre d'espèces de *teignes* font des ravages considérables dans les maisons ; la *teigne des fourrures* (*Tinea pellionella* Lat.) ronge les peaux, les étoffes de laine, la laine des matelas, etc. ; la *teigne des tapisseries* (*Tinea tapezella* Lat.) dévore les tapisseries, les cuirs, le lard salé, etc. ; la *teigne du crin* (*Tinea crinella* Lat.) attaque surtout les crins.

La *teigne des draps* (*Tinea sarcitella* Lat.)
détruit les étoffes de laine, les collections d'insectes,
les animaux empaillés, etc. Le camphre, le poivre,
le tabac et autres substances à odeur forte éloignent
les teignes à l'état de papillon, mais ce n'est qu'en
battant et en secouant fréquemment les vêtements,
les fourrures et les objets d'histoire naturelle qu'on
fait tomber les œufs invisibles des teignes ou les
jeunes larves nouvellement écloses.

La *teigne de la farine* (*Botys farinalis* Lat.) se
rencontre dans les maisons et la larve vit en nombreuse société à la surface des tas de farine qu'elle
rend impropre à la panification.

Les *teignes de la graisse* (*Botys pinguinalis*
Lat. et *B. Cuprealis* Lat.) vivent dans le beurre,
le lard, les matières animales desséchées et toutes
les substances grasses des cuisines; elles rongent
aussi les couvertures en cuir des livres abandonnés.

Les *galléries* ou *fausses teignes* (*Galleria ce-
reana* Lat. et *G. alvearia* Lat.) exercent de grands
ravages dans les ruches d'abeilles, où elles s'introduisent la nuit pour sucer le miel et y déposer leurs
œufs. Leurs larves nuisent surtout à la cire qu'elles
mangent et perforent en tous sens, de manière à lui
faire perdre une grande partie de sa valeur. La *tête
de mort* (*Sphinx atropos* L.) pénètre aussi dans les
ruches, extermine les abeilles et dévore le miel et les
larves.

ORTHOPTÈRES. — Le *caffard* (*Kakerlac orien-*

tale Aud.) est un des insectes les plus nuisibles à
l'homme; il dévore avec avidité toutes sortes de
comestibles, et il est encore moins à craindre pour
les dégâts qu'il fait que pour l'odeur infecte qu'il
laisse après toutes les provisions auxquelles il tou-
.che. Les caffards infectent les boulangeries, les moulins, les cuisines, les garde-mangers, où ils dévorent
la farine, le pain et toutes les provisions; faute de
mieux, ils attaquent les étoffes de laine et de soie,
le cuir et même le bois.

Le *grillon domestique* ou *cri-cri* (*Grillus
domesticus* Lat.) qui se rend souvent utile en
détruisant pour s'en nourrir les œufs et les larves
des insectes nuisibles, attaque aussi les provisions
de comestibles, surtout la farine, et devient très
incommode par le cri monotone dont il vous as-
sourdit pendant les nuits d'été.

HYMÉNOPTÈRES. — Le *philanthe* (*Philanthus api-
vorus* Lat.) qui ressemble à la guêpe commune, est
un des ennemis les plus terribles des abeilles, dont
il nourrit ses petits; il est facile de voir ce carnassier plomber impétueusement sur une abeille pendant
qu'elle butine sur une fleur, la tuer avec son dard,
l'emporter au milieu de ses pattes dans une galerie
creusée dans le sable, y déposer un œuf d'où il
sortira bientôt une larve qui se nourrira du cadavre de l'abeille, et répéter la même opération cinq
ou six fois de suite.

Les *fourmis* sont très friandes de toutes les matières sucrées qu'elles recherchent avec avidité dans les chambres et les armoires ; elles attaquent même les vers à soie dans les magnaneries (1).

Les *guêpes* (*Vespa vulgaris* Lat.) se distinguent aussi par leur voracité pour les provisions sucrées, et de plus elles sont armées d'un aiguillon qui verse un liquide empoisonné dans les piqûres qu'elles ont faites.

Les piqûres du *frelon* (*Vespa Crabro* L.) ne sont pas moins redoutables ; il est bien connu dans les campagnes pour les ravages qu'il fait dans les ruches des abeilles, dont il vole le miel.

DIPTÈRES. — Il serait trop long d'énumérer toutes les espèces de mouches qui nuisent à l'homme et aux

(1) Les *Termites* ou *fourmis blanches*, insectes de la classe des *Névroptères*, qui ont beaucoup de rapports de mœurs avec les fourmis et qui vivent aussi en société formée de trois ordres d'individus, n'ont pas encore paru en Savoie, mais ils pourraient y arriver plus tard.

Le *termite lucifuge* (*Termes lucifugum* Lat.), importé dans le midi et l'ouest de la France par les navires venant de l'Inde, s'y est déjà multiplié au point de miner non seulement les souches des vieux pieux, mais encore des maisons entières, dont les charpentes se creusent à l'intérieur comme par enchantement et tombent bientôt sous les efforts incessants de ces mineurs invisibles ; c'est ce qui est déjà arrivé en beaucoup de localités, principalement à Bordeaux, à Saintes, à Rochefort et à La Rochelle, dont l'arsenal et la préfecture ont été envahis par les *Termites*. « Un beau jour, « dit M. de Quatrefages, les archives du département s'étaient trouvées « détruites presque en totalité, et cela sans que la moindre trace du dégât « parut au dehors. Un carton rempli de détritus informes semblait ren- « former des liasses en parfait état. J'ai vu, dans l'escalier des bureaux, « une poutre de chêne dans laquelle un employé, faisant un faux pas, « avait enfoncé la main jusqu'au dessus du poignet. L'intérieur, entière- « ment formé de cellules abandonnées, s'égrenait avec un grattoir, et la « couche laissée intacte par les *Termites* n'était guère plus épaisse qu'une « feuille de papier (*Souvenirs d'un naturaliste.*) »

animaux, il suffit de citer les plus connues. Tout le monde connaît les piqûres incommodes des *cousins* (*Culex pipiens* Lat. et *C. sylvaticus* Meig.), et du *taon de la pluie* (*Hœmatopota pluvialis* Meig.). D'autres *taons* (*Tabanus bovinus* Lat. et *T. autumnalis* Lat.) sont la terreur des moutons, des bœufs et des chevaux, auxquels ils font éprouver de cruels tourments en leur perçant la peau pour sucer leur sang.

On peut en dire autant des *stomoxes* (*Stomoxys pungens* Rob. *S. calcitrans* Lat.), non moins redoutables aux bestiaux que les *taons* proprement dits, et qui sont de véritables buveurs de sang.

La *mouche bourreau* (*Musca carnifex* Macq.) et la *mouche des bœufs* (*Musca bovina* Rob.) se jettent sur les narines et les plaies des bestiaux qu'elles ne cessent de tourmenter pendant les grandes chaleurs.

L'*hippobosque du cheval* (*Hippobosca equi* L.) tourmente les chevaux ; le *mélophage du mouton* (*Melophagus ovinus* Lat.) moleste les moutons.

Les *œstres* sont des mouches qui voltigent sans cesse autour des mammifères herbivores qui doivent nourrir leurs larves. Les uns (*œstrus equi* Macq.) déposent leurs œufs sur les épaules ou à la partie inférieure des jambes des chevaux qui en se léchant les emportent dans leur bouche d'où ils tombent dans l'estomac. Là les larves grandissent, et quand elles sont arrivées à leur terme, elles se laissent glisser dans les intestins, sortent par l'a-

nus et tombent à terre pour subir leur transformation en *chrysalides,* puis devenir insectes. D'autres
(*Æstrus hœmorrhoidalis* Lat.) placent leurs œufs
sur les lèvres du cheval qui les avale comme dans
l'espèce précédente.

L'*œstre du bœuf* (*Æstrus bovis* Macq.) perce la
peau des bœufs, des vaches et autres ruminants,
dépose ses œufs dans la plaie et la larve y vit
dans la tumeur occasionnée par la blessure jusqu'à
ce qu'elle se laisse tomber à terre pour se changer
en *chrysalide.*

L'*œstre du mouton* (*Æstrus ovis* Lat.) plante
ses œufs dans les narines des moutons et des chè-
vres; les larves une fois écloses se glissent dans
les sinus frontaux où elles vivent depuis le mois
de juin ou de juillet jusqu'en avril ou mai de
l'année suivante. Les larves des *œstres* occasionnent quelquefois des maladies graves aux animaux qui les nourrissent; l'*œstre du bœuf* endommage considérablement le cuir et en diminue la
valeur.

Nos appartements sont souvent infestés par la
mouche domestique (*Musca domestica* Lat.) dont
les importunités sont trop connues; par la *mouche
du fromage* (*Piophila casei* Meig.) dont la larve
se nourrit de fromage; par la *mouche de la viande*
(*Sarcophaga Carnaria* Lat. et *Calliphora vomi-
toria* Lat.) qui déposent leurs œufs dans les
viandes.

La *mouche dorée* (*Lucilia cæsar* Rob.) pond

aussi ses œufs sur les viandes dépecées ou les animaux qu'on vient d'abattre (1).

THYSANOURES. — Cet ordre d'insectes privés d'ailes renferme les *lépismes* qui se trouvent dans l'intérieur des mai sons, où leurs écailles blanches et brillantes leur ont fait donner le nom de *poissons argentés*, de *demoiselles d'argent*. On les rencontre souvent sous les planches humides et dans les fentes des châssis. Ils sont très agiles et perdent leurs écailles argentées au moindre contact de la main.

Le *lépisme du sucre (Lepisma saccharina* Lat.) habite de préférence dans les armoires où il se nourrit de sucre ; il attaque aussi les étoffes de laine, les livres et le bois. Cet insecte, que l'on dit originaire de l'Amérique, est devenu très commun dans nos maisons.

PARASITES. — On ne connait que trop les incommodités que ces insectes, résultant de la malpropreté, occasionnent à l'homme.

(1) Une espèce de ce genre, assez commune à Cayenne, la *Lucilie hominivore*, s'introduit quelquefois dans la bouche et les narines d'un homme endormi, et y pond ses œufs. Lorsque ces œufs se sont changés en larves, il survient chez la victime des désordres assez graves pour entraîner la mort. On en a vu ronger l'intérieur des fosses nasales et des sinus frontaux, gagner le globe de l'œil et gangréner les paupières.

C'est probablement une espèce de ce genre qui a occasionné, il y a quelques années, la mort d'un mendiant apporté à demi-mort à l'Hôtel-Dieu de Paris. Il s'était endormi sous un arbre ayant de la viande corrompue dans son bissac ; les mouches déposèrent leurs œufs sur la viande gâtée, les larves eurent le temps d'éclore, et, après avoir mangé la chair morte, elles commencèrent à dévorer le porteur qui en mourut quelques jours après.

Une de ces espèces, heureusement peu commune, le *pou des malades* (*Pediculus tabescentium* A. et Bur.) introduit ses œufs sous la peau de certains malades où chaque nid forme une ampoule, c'est ce qu'on appelle la *maladie pédiculaire*. La multiplication de ces animacules est si grande et si rapide que la maladie se termine ordinairement par le marasme et la mort. C'est à cette horrible maladie qu'ont succombé plusieurs hommes célèbres : Sylla, Agrippa, Hérode, Valère Maxime et Philippe II, roi d'Espagne.

La plupart des mammifères et des oiseaux, élevés par l'homme à l'état de domesticité, nourrissent une ou plusieurs espèces de *parasites* appartenant au genre *pou* ou au genre *ricin*. Comme leurs générations sont nombreuses et se succèdent rapidement, il en résulte souvent des maladies graves qui occasionnent le dépérissement et même la mort de ces animaux.

MYRIAPODES. — Les *mille-pieds* ne sont pas des insectes proprement dits, puisqu'ils ont de 12 à 300 paires de pattes, tandis que les insectes n'en comptent que 3 paires; mais ils sont connus sous le nom d'insectes, vivent de détritus végétaux et de menus animaux qu'ils trouvent sous la mousse et les pierres. Ils aiment les endroits humides et obscurs, et ne se font guère remarquer que par l'odeur désagréable qu'ils repandent et par la répulsion qu'on éprouve à leur aspect, tels sont les *gloméris,* les *Jules,* les *polydesmes* et les *scolopendres.*

La seule espèce que l'homme ait à redouter, c'est une *scolopendre* (*scolopendra cingulata* Lat.) qu'on rencontre quelquefois sur les murs et sous les écorces d'arbres et même dans les maisons. Sa morsure n'est pas mortelle, mais elle provoque une douleur très vive suivie d'enflure, de rougeur et de démangeaison en infiltrant dans la plaie qu'elle fait avec ses mandibules une humeur venimeuse contenue dans une glande vénénifère. On a vu des accès de fièvre déterminés par cette morsure qu'on paralyse assez facilement par la cautérisation avec l'ammoniaque ou alcali volatil.

Arachnides. — La classe des *arachnides* comprend des animaux à huit pieds qu'on confond aussi vulgairement avec les insectes proprement dits.

Nous avons peu d'araignées dont la morsure soit venimeuse, et ce ne peut être que sous l'empire des préjugés qu'on s'acharne à détruire des animaux qui nous sont rarement nuisibles et qui nous rendent de grands services par la destruction qu'ils font des mouches et autres insectes.

La seule *arachnide* dont nous ayons à redouter la morsure, c'est le *scorpion d'Europe* (*Scorpio Europœus* L.) dont la queue est terminée par un dard qui laisse couler dans la plaie une liqueur venimeuse. On combat l'inflammation produite par cette piqûre, ainsi que la fièvre qui en résulte, à l'aide de l'*alcali volatil* pris intérieurement, à la dose de quelques gouttes dans un verre d'eau, ou versé extérieurement sur la plaie pour la cautériser. On rencontre le scorpion sous les pierres, dans les troncs d'arbres et dans les maisons ; sa morsure n'est pas mortelle comme celle des espèces qui habitent les pays chauds.

C'est aussi aux *arachnides* qu'appartiennent les *mites* ou *cirons*. L'espèce la plus connue est le *ciron du fromage* (*Acarus domesticus* Degeer) qu'on trouve abondamment sur le vieux fromage, sur la viande sèche ou fumée, sur la farine, sur le vieux pain, sur les confitures séchées, sur les insectes conservés dans les collections, etc. Pour préserver le fromage des *cirons,* il faut le brosser souvent avec une vergette, le laver avec de l'eau vinaigrée dans laquelle on a fait infuser des cendres de bois de chêne, et laver aussi les tablettes à l'eau bouillante ou avec de l'eau chargée de chlorure de chaux. On peut également les faire périr en faisant brûler du soufre sous les tablettes ou en y répandant du chlore.

L'homme a particulièrement à redouter un *ciron* microscopique appelé *sarcopte* de la *gale humaine* (*Acarus scabiei),* qui se creuse des sillons sous l'épiderme, occasionne de nombreuses vésicules et de vives démangeaisons.

Cette maladie est d'autant plus à craindre que ces *sarcoptes* peuvent facilement se communiquer par le contact ou par les objets qui ont touché un galeux.

Presque tous nos animaux domestiques sont exposés à une gale, causée, comme chez l'homme, par un *sarcopte* qui leur est propre et qui ne paraît pas susceptible de se transmettre d'une espèce à une autre; ainsi le cheval, le bœuf, le mouton, le porc, le chien et le chat sont sujets à une *gale* produite par autant d'espèces différentes de *sarcoptes*.

Le Phylloxera. — Cet insecte, qui dévaste depuis quelques années les vignobles de l'Hérault, du Gard, des Bouches-du-Rhône et de Vaucluse, n'a pas encore été observé en Savoie; mais nous avons à redouter son apparition prochaine, car il commence à exercer ses ravages dans les cantons suisses de Vaud et de Genève. C'est un petit puceron microscopique qui arrive à peine à la longueur de 8/10 de millimètre et qui a reçu le nom de *phylloxera vastatrix*. Les *phylloxera* s'attachent aux racines de la vigne qu'ils piquent pour en sucer la sève; et comme ils se multiplient avec une prodigieuse rapidité, leurs piqûres, innombrables et imperceptibles, arrêtent la circulation des sucs, réduisent les racines en bouillie noirâtre et entraînent la pourriture de la plante.

Les ceps voisins ne tardent pas à être atteints; aussi, toute vigne attaquée est regardée d'avance comme perdue et comme devant infester toutes celles d'alentour.

Le seul remède efficace, qu'on ait découvert jusqu'à présent contre ce terrible parasite, est l'emploi de la suie qu'on répand au pied des ceps malades, en ayant soin de la recouvrir d'un peu de terre.

L'eau transporte les parties solubles de la suie jusqu'aux extrémités des radicelles, et le principe empyreumatique qu'elles contiennent fait périr ces bêtes malfaisantes.

Mais lorsque la maladie a pris une grande extension, le seul remède praticable consiste dans l'arrachage des vignes qu'on brûle sur place; c'est ce qu'on fait dans les départements du midi.

INSECTES UTILES

———

Le nombre des insectes utiles est beaucoup plus borné que celui des insectes nuisibles. D'ailleurs, les mœurs d'un grand nombre d'espèces nous sont fort peu connues, et nous ignorons les services qu'elles nous rendent. Il arrive trop souvent que les insectes bienfaisants vivent au milieu de nos ennemis dont ils font leur proie, et que nous enveloppons aveuglément dans la même proscription amis et ennemis, car on ne peut s'éclairer que par des observations minutieuses sur la manière de vivre des espèces que l'on rencontre, et les agriculteurs sont bien excusables de s'y tromper. Il n'est pas de famille d'insectes qui ne renferme un certain nombre d'espèces détruisant des myriades d'insectes nuisibles. Les services que les insectes nous rendent sont incalculables, et ce sont eux ordinairement qui, se multipliant

5

avec la proie dont ils se nourrissent, apportent un remède efficace aux fléaux des insectes nuisibles.

C'est dans les familles et les tribus de l'ordre des coléoptères qu'on a observé le plus d'espèces d'insectes utiles.

CARABIENS. — Cette tribu renferme une multitude innombrable d'insectes carnassiers par excellence. Comme ils sont très voraces et très agiles, ils détruisent une quantité infinie d'insectes nuisibles. Ils dévorent indistinctement les chenilles, les hannetons, les charançons et autres animalcules qui sont le fléau de l'agriculture. Ils ne vivent que de proies vivantes tant à l'état de larve qu'à l'état d'insecte parfait. Aussi, il est regrettable qu'un préjugé populaire porte trop souvent des cultivateurs ignorants à exterminer ces insectes qu'on devrait au contraire importer dans les jardins, comme on y importe les crapauds, et comme on introduit les chats dans les greniers.

Les jardiniers et les agriculteurs qui détruisent brutalement ces chasseurs utiles, se rendent ainsi les auxiliaires des insectes nuisibles et les conservateurs de ceux qui mangent leur récolte.

Le genre *carabe* fournit une multitude de vigilants protecteurs de nos cultures. Plusieurs espèces rendent des services très remarquables dans les jardins où elles font un carnage continuel des insectes malfaisants. Le plus remarquable est le *jardinier* (Carabus auratus Lat.) que les horticulteurs habiles ont soin de ramasser sur les chemins pour en multiplier l'espèce dans les jardins.

« Les carabes, dit M. Michelet, tribus immenses « de guerriers armés jusqu'aux dents, qui, sous « leurs lourdes cuirasses, ont une activité brûlante, « sont les vrais gardes champêtres, qui, jour et nuit, « sans fêtes ni repos, protègent les champs. Jamais « ils ne se permettront d'y toucher la moindre chose. « Ils procèdent uniquement à l'enlèvement des vo- « leurs, et ne veulent de salaire que le corps du vo- « leur. »

Une espèce voisine des *carabes,* le *Calosoma sycophanta* Lat. d'un beau bleu violacé, attaque de préférence les *chenilles processionnaires* du chêne dont elle débarrasse en peu de temps l'arbre qui en est infesté.

Toutes les espèces de *cicindèles,* aux formes gracieuses et aux couleurs vives et variées, courent avec une agilité remarquable, dans les endroits exposés au soleil et dans les prairies, à la recherche de leur proie, et nous débarrassent d'une multitude d'animalcules nuisibles. Il serait très à propos de les introduire dans les jardins où elles seraient, par leurs habitudes carnassières, de dignes émules des *carabes.*

A l'exception du *sabre bossu,* on peut dire que tous les innombrables insectes de la famille des *carabiens* sont des insectes utiles qui nous rendent des services trop peu appréciés en détruisant des myriades de petits êtres malfaisants qui leur servent de pâture. Presque tous sont recouverts d'élytres de couleur métallique, d'un aspect tantôt doré ou cuivré, tantôt bronzé ou d'un noir plus ou moins brillant. Les espèces les plus communes et par conséquent les plus utiles, appartiennent aux genres *chlœnius*, *pœcilus*, *feronia*, *abax*, *harpalus*, *amara*, *acupalpus*, *brachinus*, *lebia* et *bembidium*.

Tous ces nombreux insectes, de couleurs et de formes si variées, se réfugient sous les pierres, sous les mousses et les feuilles sèches, dans les crevasses, d'où ils sortent pour aller à la chasse. Tous distillent par la bouche un liquide noirâtre, caustique et nauséabond qui leur sert soit à empoisonner leurs victimes, soit à mettre en fuite leurs ennemis.

Les *brachines*, appelés vulgairement *canonniers*, ont la propriété de sécréter, lorsqu'on les inquiète, une liqueur caustique promptement vaporisable, qui est émise par l'anus avec une détonation très sensible, accompagnée d'un petit nuage blanchâtre. Ce liquide occasionne une véritable brûlure à la peau.

Lorsqu'on soulève une pierre qui protège ces petits insectes, il n'est pas rare de les voir lancer leur fumée tous à la fois. Ils peuvent répéter ces explosions huit à dix fois de suite, à de courts intervalles. Les plus répandus dans notre pays sont le *pétard* *(Brachinus crepitans* Lat.), le *pistolet (Brachinus sclopeta* Déj.) et le *bombardier (Brachinus explodens* Déj.).

Beaucoup de ces *carabiens* font une guerre con-

tinuelle aux taupins dont les larves se nourrissent
de la racine des céréales, surtout du blé, et méri-
tent la reconnaissance des agriculteurs.

Hydrophiliens. — Ce groupe renferme une multitude de *scarabées* aquatiques qui jouent dans les
mares, les étangs et les lieux humides le même rôle
que les *carabiens* dans les endroits secs. Ils nagent
avec facilité, grâce à leurs pattes postérieures apla-
ties en forme de rames, et à un mouvement latéral
par lequel ils savent donner l'impulsion à leur corps.
Ce sont de véritables corsaires dont la rapacité dépasse même celle des *carabiens*. Ils sont sans cesse
occupés à faire la chasse aux autres insectes dont
ils se nourrissent, et lorsque la faim les presse on
les voit même se dévorer entre eux. Ils attaquent
surtout les larves des *libellules* et des *éphémères;*
ils se nourrissent aussi de petits mollusques, de té-
tards de grenouilles et de petits poissons.

Les plus carnassiers sont les *dytisques* (*Dytiscus
marginalis* Lat., etc.), les *acilies* (*Acilius sulcatus*
Fab.) et les *cybisters* (*Cybister lœselii* Aubé, etc.),
que quelques auteurs appellent les *requins* de l'en-
tomologie.

- Viennent ensuite les genres *Haliplus, Colymbetes,
Ilibius, Agabus, Hydroporus, Gyrinus*, qui contiennent de nombreuses espèces, très utiles pour nous
débarrasser des insectes nuisibles. Les *gyrins* ou
tourniquets, petits insectes noirs qui vivent en troupes nombreuses dans les eaux, sont ainsi nommés

parce qu'ils nagent avec rapidité en décrivant sans cesse des cercles capricieux. Ils sont remarquables par leurs yeux doubles, dont les inférieurs guettent la proie dans l'eau, tandis que les yeux supérieurs regardent dans l'air et avertissent l'insecte de l'approche de ses ennemis. Cette double vue rend la capture des *gyrins* difficile, et l'on ne peut guère les prendre qu'avec un filet. Au moment où on les saisit ils laissent échapper un liquide laiteux et fétide. Les insectes de ce groupe sont de grands destructeurs d'insectes, surtout à l'état de larve, car, lorsqu'ils sont devenus adultes, ils se nourrissent quelquefois de matières végétales (1).

La ressemblance d'organisation a fait ranger dans cette famille un genre d'insectes terrestres dont les mœurs sont bien distinctes, puisqu'ils se nourrissent de matières cadavériques et d'excréments des animaux herbivores, c'est le genre *sphœridium* qui renferme beaucoup de petits scarabées hémisphériques, utiles à l'homme pour la destruction des matières en putréfaction.

SCARABÉIENS. — Cette tribu, qui est l'une des plus populeuses de l'ordre des coléoptères, et qui comprend les hannetons et tant d'autres espèces nuisibles aux végétaux, renferme aussi une multitude

(1) Les larves des *hydrophiles*, principalement celles de l'hydrophile brun (*Hydrophilus piceus* Lat.), font beaucoup de dégats dans les étangs en dévorant le frai de poisson.

d'insectes utiles ; c'est la nombreuse famille des *scarabéides* qui s'occupe spécialement de la *voirie* de la nature ; ce sont eux en effet qui sont surtout chargés de nous débarrasser des substances en décomposition et des excréments des animaux dont ils font leur nourriture, de là le nom de *bousiers* qu'on donne aux principales espèces.

Les *scarabéides* les plus utiles sont les genres *Scarabœus, Ateuchus, Geotrupes, Copris, Onitis, Onthophagus* et *Aphodius*. Ces deux derniers sont excessivement nombreux en espèces dont chacune produit des milliers d'individus dans une même localité.

Plusieurs espèces de *bousiers* roulent, à l'aide de leurs pattes postérieures, des boules de matières excrémentielles dans lesquelles ils renferment leurs œufs. C'est ce qui leur a valu le nom de *pilulaires*. Ils placent ensuite ces boules dans des trous où ils accumulent des matières qui doivent servir à la nourriture de leurs larves.

SILPHIENS. — La plupart des *silphiens* sont aussi destinés à assainir l'atmosphère en détruisant les matières excrémentielles, les substances cadavéreuses et les détritus pourris des végétaux. Les espèces les plus communes appartiennent aux genres *escarbot (Hister cadaverinus* Lat., etc.), *nitidule (Nitidula œnea* Fab., etc.), *bouclier (Silpha obscura* Lat., etc.). Le *Silpha thoracica* Lat. et le *Silpha quadripunctata* grimpent sur les arbres et vivent de chenilles.

C'est à cette tribu qu'appartient le *fossoyeur* (*Necrophorus vespillo* Lat.) et l'*enterreur* (*Necrophorus humator* Lat.), qui sont des *croquemorts* fort utiles, enterrant avec soin les cadavres abandonnés sur la terre.

Lorsqu'ils flairent un rat, une taupe, un poisson en décomposition, les *nécrophores* arrivent en troupe pour procéder à l'inhumation. Ils se glissent sous le cadavre, et pendant que les uns soulèvent une partie du corps mort, les autres creusent la terre sous cette partie ; ils recommencent le même travail d'un autre côté, et ainsi de suite, jusqu'à ce que le cadavre soit enterré à 25 ou 30 centimètres. Les femelles pondent leurs œufs dans cette tombe, où leurs larves trouveront plus tard une nourriture abondante ; puis les *fossoyeurs* chassent la terre dans la fosse de manière à la remplir.

STAPHYLINIENS. — Les *staphylins* sont très nombreux et vivent de cadavres d'animaux, de fumier et de détritus. Ils dévorent aussi des insectes vivants et se font tous remarquer par leurs courtes élytres qui ressemblent à une veste ou à une jaquette.

Quand on les irrite, ils exhalent par la bouche un liquide noir et âcre, et ils émettent par l'abdomen un liquide volatil à odeur nauséabonde.

On rencontre souvent, dans les chemins, le *staphilin odorant* (*Staphylinus olens* Lat.) qui relève l'abdomen lorsqu'il se sent attaqué, et fait sortir deux vésicules blanchâtres qui répandent un liquide à odeur d'éther.

CANTHARIDIENS. — Presque tous les insectes de cette famille sont des vésicants plus ou moins énergiques. Tout le monde connaît les services rendus par la *cantharide* des boutiques (*Cantharis vesicatoria* L.) qu'on rencontre assez souvent sur les frènes et les lilas de nos bosquets. Les propriétés caustiques de ces insectes font qu'il n'est pas prudent de les toucher avec les mains nues. On reconnaît facilement leur présence à l'odeur de souris qu'ils répandent au loin.

Les Italiens et les Chinois font souvent leurs vésicatoires avec la poudre d'une autre espèce de cantharidiens, le *mylabre de la chicorée* (*Mylabris cichorii* Lat.) qui est très commun en Savoie sur les fleurs des chicorées, des chardons, etc. Cette espèce jouit des mêmes propriétés que la cantharide du commerce. On pourrait encore employer aux mêmes usages les *méloés* (*Meloe proscarabœus* Lat. *M. Majalis* Fab., etc.). Dans quelques parties de l'Espagne on les emploie comme les cantharides. Autrefois on les regardait comme un remède très efficace contre la rage, mais il est toujours dangereux d'employer à l'intérieur ces poisons corrosifs.

COCCINELLIENS. — Ces petits insectes globuleux, lisses, rouges ou jaunes avec des points noirs, qui

paraissent dès le printemps sur les plantes et les arbres, nous sont très utiles, parce que la plupart sont
éminemment carnassiers et débarrassent nos arbres
des pucerons, des kermès, des cochenilles et autres
bêtes malfaisantes.

Les *coccinelles* se laissent tomber à terre, lorsqu'un danger les menace, et font suinter par la
jointure de leurs articulations un liquide jaune à
odeur pénétrante et désagréable. C'est le seul moyen
de défense qu'emploient ces petits êtres inoffensifs
connus sous le nom de *bêtes à Dieu*.

LÉPIDOPTÈRES. — Les *papillons* nous charment
par la vivacité de leurs mouvements, par l'éclat et
la variété de leurs couleurs, mais nous ne connais-
sons que les *bombix* qui nous soient utiles.

Le plus utile est sans contredit le *bombix* du mûrier ou *ver à soie* (*Lasiocampus mori* Schrank.)
originaire de l'Asie orientale, qui nous donne un
produit si merveilleux et propre à tisser de si riches
étoffes, quoiqu'il soit lui-même un des moins bril-
lants de son genre, et que sa chenille soit aussi dé-
pourvue d'ornement et d'éclat.

Quelques-uns de nos amateurs de sériciculture
commencent à élever d'autres *bombix* sétifères que
les diverses maladies du ver à soie du mûrier ont
fait naître la pensée d'acclimater en Europe, comme
auxiliaires de celui du mûrier.

Ce sont le *ver à soie du chêne (Bombix yama-
maï)* du Japon, et le *ver à soie du ricin (Bombix*

arrindia), dont le premier vit de feuilles de chêne et le second de feuilles de ricin (1).

NÉVROPTÈRES. — Les névroptères, ou insectes à larges ailes membraneuses, sont généralement très carnassiers, tant à l'état de larves qu'à l'état d'insectes parfaits, et détruisent une quantité considérable de mouches, de papillons, etc. La plupart d'entre eux vivent dans l'eau pendant leur état de larves, et dans le voisinage des eaux lorsqu'ils sont arrivés à leur dernière transformation.

Leur forme svelte et élégante, et leurs couleurs variées, leur ont fait donner le nom de *demoiselles*. Les principales espèces sont les *agrions*, les *perles*, les *œschnes,* les *libellules,* les *éphémères*. Ces dernières ne vivant que quelques heures à l'état d'insectes parfaits, ne peuvent se nourrir d'insectes qu'à l'état de larves.

Les *hémérobes*, auxquels on a donné le nom de *demoiselles terrestres,* vivent de chenilles et surtout de pucerons, ce qui les a fait appeler par Réaumur les *lions des pucerons*. Les *panorpes* ont l'abdomen terminé par une pointe en guise de queue de

---

(1) On élève en grand, aux environs de Paris, le *ver à soie de l'Ailante (Bombix cynthia)*. C'est en 1858 qu'on a importé du Japon et du nord de la Chine cet arbre et la précieuse chenille qui s'en nourrit. Grâce aux travaux de M. Guérin-Méneville, on a déjà obtenu des résultats considérables. On conçoit aussi de grandes espérances du *bombix pernyi,* de Mandchourie, dont la chenille se nourrit de feuilles de chêne.

scorpion, et qui est destinée à saisir des *libellules*, qu'elles tuent en les perçant de leur bec.

Les larves du *fourmilion* (*Myrmeleo formicarius* Lat.) emploient les piéges les plus adroits, les embûches les plus insidieuses pour arrêter et saisir leur proie. Elles creusent dans le sable un trou en forme d'entonnoir et attendent patiemment au fond de cette retraite qu'un insecte tombe dans ce précipice pour en sucer les parties liquides et rejeter au loin son cadavre. Le plus souvent ce sont des fourmis qui tombent dans le piége et servent de pâture aux *fourmilions*, c'est ce qui a valu à ces derniers le nom sous lequel ils sont généralement connus.

ORTHOPTÈRES. — La science n'est pas encore parvenue à tirer quelque avantage des *sauterelles*, si ce n'est de la *sauterelle ronge-verrue* (*Decticus verrucivorus* Serv.) qui dégorge en mordant les verrues un liquide âcre qui les détruit. Il est commun dans les prairies un peu humides à la fin de l'été et en automne.

On rencontre aussi quelquefois en Savoie la *mante religieuse* (*Mantis religiosa* L.) qui se tient dans un état d'immobilité sur les arbustes et sur les broussailles exposés au soleil, et se jette avec voracité sur les insectes qui viennent à passer.

Le *grillon champêtre* (*Gryllus campestris* L.) rend des services plus signalés dans les campagnes. Il se creuse sur les bords des chemins des trous plus ou moins profonds, où il se tient à l'affût des insectes

dont il fait sa proie. Les grillons sont tellement voraces qu'ils se jettent sur tout ce qu'on leur pré-
sente, et même s'entre-dévorent lorsqu'on les place
ensemble dans une boîte.

On range avec raison les *taupes-grillons* (*Gryl-
lotalpa vulgaris* L.) parmi les insectes nuisibles
à cause des dégâts qu'elles occasionnent en coupant
les racines des plantes qu'elles rencontrent sur leur
passage; cependant il faut dire, à leur décharge,
qu'elles sont plus *carnassières* que *phytophages*, et
qu'elles construisent leurs galeries pour rechercher
les nombreux insectes qui servent à leur nourriture.

HÉMIPTÈRES. — Quoique les *hémiptères* vivent en
général du suc des végétaux, cependant il en est
un assez grand nombre parmi eux qui sucent d'autres insectes et se rendent ainsi utiles à l'homme.
La plupart des lygées, d'un rouge plus ou moins vif
et tacheté de noir, sont carnassiers et contribuent
à la destruction des insectes nuisibles. Il en est de
même de plusieurs espèces de *pentatomes* ou *punaises des bois*.

Le *pentatome bleu* fait un grand carnage des
altises de la vigne.

Le *masque* (*Reduvius personatus* L.) vit dans les
habitations et s'attaque principalement à la *punaise des lits*, aux mouches et aux araignées. Quand
il est à l'état de larve, il se couvre de poussière
pour mieux se cacher à ses ennemis et tromper ses
victimes.

Les *pirates* (*Reduvius stridulus* Lat. et R. *Guttula* Fab.) se tiennent ordinairement sur les plantes pour y chercher les insectes dont ils font leur proie. Toutes les autres espèces de *réduves* vivent aussi d'insectes nuisibles aux végétaux.

Les *punaises d'eau*, telles que les *ranatres*, les *népes*, les *corises* et les *notonectes*, qui habitent les eaux des étangs, des mares et des marais, se nourrissent aussi de petits insectes auxquels elles font sans cesse la chasse.

C'est par erreur qu'on a rangé les cigales parmi les hémiptères carnassiers, car ces insectes ne vivent que de la sève des arbres. Les fables du *bon* La Fontaine fourmillent d'erreurs d'histoire naturelle, surtout celle de la *Cigale et la Fourmi*.

La Fontaine prouve dès les premiers vers qu'il n'a jamais observé l'insecte dont il parle.

> La cigale ayant chanté
> Tout l'été,
> Se trouva fort dépourvue
> Quand la bise fut venue.

La cigale n'a pu chanter *tout l'été*, car sa vie n'est que de quelques semaines et elle meurt longtemps avant l'arrivée des frimas. D'ailleurs, le mâle seul a l'abdomen pourvu d'un organe musical au moyen duquel il produit des stridulations qu'on appelle chant. La femelle est complétement muette.

> Elle alla crier famine
> Chez la fourmi sa voisine,
> La priant de lui prêter
> Quelque grain pour subsister.

La fourmi est un insecte carnassier, et quoiqu'elle aime le miel, elle ne saurait que faire d'un grain de blé ni d'autres grains, pas plus que la cigale à laquelle le fabuliste reproche aussi de n'avoir

> Pas un seul petit morceau
> De mouche ou de vermisseau,

Comme si pareille victuaille pouvait servir à sa nourriture.

L'ignorance de l'histoire naturelle fait commettre souvent des bévues grossières. C'est ainsi qu'on voyait il y a quelques années, à l'exposition des Beaux-arts à Paris, un tableau d'un peintre renommé qui montrait, sous une forme allégorique, la *Cigale et la Fourmi* de La Fontaine.

Or, le peintre avait représenté, en guise de cigale, une magnifique sauterelle verte.

HYMÉNOPTÈRES. — La plupart des *ichneumons* rendent de grands services en détruisant les chenilles et autres insectes nuisibles.

« Les femelles, dit Latreille, pressées de pondre,
« marchent ou volent continuellement pour tâcher
« de découvrir les larves, les nymphes, les œufs
« des insectes, et même des pucerons et des arai-
« gnées, etc., destinés à recevoir les leurs et à les
« nourrir. Elles montrent dans ces recherches un
« instinct admirable et qui leur dévoile les retraites
« les plus cachées. C'est sous les écorces des ar-
« bres, dans leurs crevasses, que celles dont la ta-
« rière est longue placent le germe de leur race...

« Mais les femelles dont la tarière est courte, peu
« ou point apparente, placent leurs œufs dans le
« corps ou sur la peau des larves, des chenilles
« et dans les nymphes qui sont à découvert et très
« accessibles. »

Les œufs, déposés dans le corps des larves ou des
chenilles, ne les font pas périr immédiatement; les
larves nées de ces œufs dévorent les tissus grais-
seux seulement, et l'animal qui les nourrit ainsi ne
meurt que lors de sa transformation en nymphe ou
chrysalide. Ces mœurs curieuses font de tous ces
insectes des bienfaiteurs de l'agriculture dont ils
détruisent une multitude d'ennemis.

Outre les *ichneumons* proprement dits, les *fœnes,*
les *chalcis,* les *chrysis,* les *sphex,* les *guêpes* for-
ment des groupes dont les nombreuses espèces dé-
ploient une merveilleuse industrie pour assurer la
nourriture de leurs larves carnassières, soit en déposant leurs œufs sur les insectes destinés à servir
de pâture à ces larves, soit en construisant des nids
d'une architecture souvent fort compliquée, dans
lesquels ils approvisionnent ces larves des insectes
et des vers qu'elles dévorent tout vivants. Auprès
de chaque œuf est déposée la victime destinée à la
première alimentation de la larve naissante. La
femelle a eu soin de blesser cette victime de son
aiguillon pour paralyser ses mouvements et empêcher sa fuite. Après l'éclosion, la mère ne cesse
d'apporter de nouvelles proies à chacun de ses nour-
rissons.

Les *platygastres* ou *psi es* sont de petits *hyménoptères* noirs qui rendent de grands services à l'agriculture en détruisant les larves des *cécydomies* qui nuisent trop fréquemment aux céréales. Ce sont ces diptères que les *platygastres* recherchent pour déposer leurs œufs, et leurs petites larves dévorent les vers des *cécydomies*. Le *psile de bosc* est le plus grand ennemi de la *cécydomie du froment*.

Plusieurs espèces de *cynips* ou *gallicoles* font une entaille sur les feuilles des chênes, y déposent un œuf et la sève, affluant sur ce point, y détermine une excroissance arrondie qu'on appelle *galle* et qui sert à nourrir une larve. Cette excroissance augmente de volume à mesure que la larve grossit.

Les gens de la campagne utilisent quelquefois les galles de nos chênes pour faire de l'encre ou de la teinture en noir; mais dans les arts on préfère employer pour le même usage les *noix de galle* qu'on récolte en grande quantité sur les chênes de l'Asie-Mineure et de la Barbarie, parce qu'elles renferment plus de tanin et d'acide gallique que les nôtres.

Les fourmis attaquent beaucoup d'insectes qu'elles tuent pour les sucer.

Elles sont très friandes d'un liquide sucré que les pucerons sécrètent par une poche de leur abdomen. Non contentes de *traire* les pucerons qu'elles trouvent sur les plantes, elles les emportent souvent dans la fourmilière où ils leur servent de *vaches laitières*.

Dans la famille des *Mellifères*, nous avons les *bourdons (Bombus terrestris* Lat. , *B. muscorum*

6

Lat. etc.) dont les enfants et les faneurs se plaisent à
sucer le miel renfermé dans des rayons recouverts de
mousse, et les *mouches à miel* ou *abeilles* (*Apis mel-
lifica* Lat.), qui nous fournissent en abondance le
miel et la cire et dont les merveilleux travaux ont de
tout temps fixé l'attention de l'homme, qui tire de
ces utiles insectes une source intarissable de ri-
chesses.

DIPTÈRES. — Si nous regardons généralement les
mouches comme des êtres malfaisants, cela tient à
notre ignorance des mœurs de ces insectes. En effet,
beaucoup vivent des excréments, des fumiers et de
toute sorte de matières en putréfaction, dont elles
activent la décomposition. Les larves d'un très grand
nombre d'espèces sont éminemment carnassières et
dévorent les pucerons, les chenilles et autres insectes
nuisibles, tels sont les *asiles,* les *syrphes,* les *volu-
celles,* les *éristalis,* les *tachines*, etc., qui vivent
sur les fleurs à l'état d'insectes parfaits.

La *mouche carnassière* (*Sarcophaga carnaria*
Meig.) et la *mouche dorée* (*Lucilia Cæsar* Rob.)
déposent leurs œufs sur les viandes en décomposition,
et leurs larves, nommées *asticots*, sont employées
comme amorce par les pêcheurs ; elles sont aussi re-
cherchées pour nourrir les dindons et les faisans. On
se procure des *asticots* en grand nombre en déposant
sur la terre une couche de débris d'animaux que l'on
recouvre de paille. En peu de jours la ponte des
mouches a converti ces débris en un amas d'*asticots*.

Ce n'est que par des observations nombreuses et multipliées qu'on peut parvenir à découvrir les services importants que les insectes rendent à l'homme. Beaucoup de découvertes restent à faire, et il est certain que si nous connaissions mieux les mœurs des insectes et les avantages que nous en retirons, souvent à notre insu, nous remercierions la Providence d'avoir ordonné toutes choses pour le plus grand avantage de l'homme.

(Extrait de la *Revue savoisienne.*)

2

www.ingramcontent.com/pod-product-compliance
Lightning Source LLC
Chambersburg PA
CBHW071246200326
41521CB00009B/1644